CREATIVE
TECHNIQUE

크 리 에 이 티 브   드 로 잉   테 크 닉

김애경 · 서미라

CREATIVE
D R A W I N G
크리에이티브 드로잉 테크닉
TECHNIQUE

(주)교문사

Preface
머리말

드로잉은 관찰(觀察)과 관점(觀點)이 중요한 요소이며, 예술적 감성, 상상력, 창의성 등 디자인에서 필요로 하는 기본적 능력을 함양하도록 한다. 세계적인 화가이자 일러스트레이터인 버트 도드슨은 드로잉이란 손과 눈, 그리고 마음 사이에서 일어나는 신비로운 협력 행위라고 말하며, 자기를 발견하는 것뿐만 아니라 사물의 연관성을 발견하는 수단이라고 하였다. 이렇듯 드로잉의 트레이닝을 통해, 척도, 비례, 질서, 대칭, 균형 및 주위 공간에 대한 인물의 관계를 관찰하게 되고, 그리고 동적인 대비, 투시의 소실점, 개별 요소들의 강조에 따른 구성 등을 이해하게 된다.

드로잉의 활용영역을 살펴보면, 미술에서는 연필이나 펜 따위를 사용하여 대상의 윤곽을 선으로 표현하는 것이고, 다른 영역에서는 기계나 건물 따위의 설계, 구조 등을 제도기를 사용하여 일정한 법칙에 따라 그림으로 나타내는 것으로 설명하고 있다. 또한, 가시적으로 존재하는 대상과 상징 및 추상적 형태 등을 평면 및 입체의 표면 위에 선으로 표현하는 것이기도 하다. 그리고 회화에 국한되지 않고 매스와 형태, 형상을 특징적으로 강조하는 모든 유형의 그래픽 미술과 기법에도 적용된다.

선의 강약이나 손의 압력에 따라 밀도를 조절하여 작가의 의도를 표현하는 데 용이한 것이 드로잉을 하는 이유 중 하나이다. 그러므로 이 책은 드로잉이 필요로 하는 영역에서 자연스러운 접근을 유도하며, 쉽게 트레이닝 할 수 있도록 도움이 될 것이다.

이 책의 전체적인 구성은 각 장의 목표에 대한 설명이 이루어지며, Practice에서 다양한 영역에 활용할 수 있는 사례를 제시하고 트레이닝 하도록 되어 있다.

제1장에서는 드로잉의 기초적인 이해를 돕고자 재료와 투시법을 설명하고, 선과 명암을 표현하기 위한 다양한 트레이닝 방법을 다루고 있다. 제2장은 인체를 드로잉하기 위한 구조적인 설명과 해부학적인 측면에서 인체의 이해를 돕고자 하며, 시각적 관점에 따른 다양한 형태를 연습한다. 제3장은 인체 외 동식물의 드로잉을 트레이닝 하는 과정이며, 제4장에서는 인체와 동식물의 드로잉에 작가의 개성이 두드러져 나타나는 데포메이션에 대한 이해와 사례를 다루고 있다. 제5장은 다양한 재료로 표현된 드로잉의 사례를 제시하고 트레이닝 하도록 구성되어 있다.

이 책은 가시적인 대상들뿐 아니라 상징과 추상적 형태 등을 자연스럽게 표현할 수 있도록, 그 첫걸음을 쉽게 접근하는 것을 돕고자 한다. 여러 해 동안 교육해 온 경험을 바탕으로 제작된 내용이지만, 미흡한 점이 있으리라 생각되며, 이를 계기로 지속적으로 드로잉 티칭법을 개발할 것이다.

자연이 더욱 아름답고 감사함으로 다가오는 어느 봄날에 책을 출간하게 되어 하나님께 감사드리며, 끝으로 ㈜교문사 류제동 사장님을 비롯한 관계자들께 감사의 마음을 전한다.

2014년 3월
대표저자 김애경

Contents
차 례

머리말 iv

Chapter 1   기 초

드로잉 재료 및 표현기법 2

　드로잉 재료 소개 2

　드로잉 표현기법 5

선 7

　선의 종류 7

　명암단계 8

투시도법 14

　1점 투시도법 15

　2점 투시도법 17

　3점 투시도법 19

　인체투시법 21

도 형 22

　도형별 투시법 22

　도형별 그리는 법 23

Chapter 2   인 체

얼굴 38

　얼굴의 이해 38

　얼굴 비율 42

얼굴 세부구조 44

　눈 44

　코 48

　입 51

　귀 54

　얼굴의 형태 56

　머리카락 70

전 신 80

　인체 근육 81

　인체 골격 82

　인체 비율 84

　인체의 손·발 88

　전신 포즈 90

 Chapter 3 **동식물**

동 물 106

곤 충 107

 Chapter 4 **데포메이션**

인간형 121

　얼굴 121

　인체 122

비인간형 123

　생물형 캐릭터 123

　메카닉 캐릭터 128

 Chapter 5 **응 용**

헤 드 138

패 션 143

　참고문헌 150

　찾아보기 151

Chapter 1

기초

드로잉 재료 및 표현기법 드로잉 재료 소개 / 드로잉 표현기법

선 선의 종류 / 명암단계

투시도법 1점 투시도법 / 2점 투시도법 / 3점 투시도법 / 인체투시법

도형 도형별 투시법 / 도형별 그리는 법

드로잉 재료 및 표현기법

드로잉 재료 소개

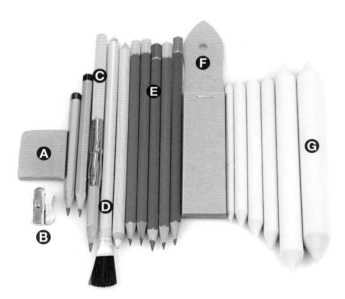

A : 지우개
B : 연필깎이
C : 연필깍지
D : 지우개
E : 다양한 굵기의 연필
F : 샌드페이퍼
G : 다양한 굵기의 찰필

∷ 연필

드로잉 재료이자 필기도구의 하나인 연필은 1564년에 영국에서 처음으로 만들기 시작하였다. 연필은 흑연과 점토의 혼합물을 구워 만든 가느다란 심을 속에 넣고 겉은 나무로 둘러싸서 만든다.

연필의 종류는 9H~6B까지 있고, 용도에 따라 적합한 것을 선택하여 사용한다. H는 HARD의 약자로 숫자가 클수록 단단하고 흐리며, B는 BLACK의 약자로 숫자가 클수록 무르고 진하다. HB는 H와 B의 중간 정도의 농도를 의미하며, 필기용으로 사용되는 일반적인 연필이 이에 해당된다. 농도의 표기를 처음 사용한 것은 19세기 초 런던의 연필제조 업체 브루크만 사(Brookman)이며 이후 다양한 표기가 등장하여 혼란스러웠지만 현재는 거의 H, HB, B로 자리를 잡았다.

일반적으로 노출되는 연필심의 길이는 1.1~1.2cm가 가장 적당하며, 그림의 D와 같이 연필심과 심을 둘러싼 나무가 일직선이 되도록 깎는 것이 드로잉에 가장 적합하다. C처럼 연필 깎는 기계를 사용한다거나, A와 B처럼 연필심이나 나무가 울퉁불퉁하면 연필을 최대한 기울여 베이스 처리를 해야 하는 상황에서는 연필심보다 나무 부분이 종이에 먼저 닿을 수 있기 때문에 드로잉에서는 불편한 형태이다. 따라서 드로잉을 위한 연필 깎기는 연필심과 나무 부분이 완만한 일직선이 되도록 깎는 것이 중요하다.

∷ 지우개

지우개는 딱딱한 지우개와 부드러운 지우개 두 종류가 있다. 딱딱한 지우개는 섬세한 것을 지울 때는 알맞지만, 드로잉할 땐 부드러운 지우개가 종이결은 그대로 살리면서 지워야 할 부분만 부드럽게 지울 수 있다. 드로잉에서 지우개는 단순히 잘못 그린 부분을 지운다는 용도 이외에도 드로잉 용도로도 사용된다. 빛의 표현, 하이라이트 표현, 어두운 부분의 미세한 농도 표현 등 연필과는 분명히 다르지만 드로잉의 한 재료로서 쓰임새가 다양하기 때문에 중요한 재료 중 하나이다.

∷ 샌드페이퍼

다양한 굵기의 산화알루미늄을 바탕이 되는 종이에 붙여 가공물의 표면을 갈고 다듬는 데 쓰는 일명 사포라고 불리는 연마제이다. 다양한 분야에서 사용되고 있는 샌드페이퍼를 드로잉에서는 연필심을 뾰족하고 매끄럽게 하기 위해 주로 사용한다. 입자의 굵기 정도에 따라 샌드페이퍼 표면의 거친 정도가 표시되는데, 표면이 거칠수록 표시되는 숫자가 작아진다.

∷ 연필깍지

연필을 많이 사용하다보면 어쩔 수 없이 몽당연필이 많이 쌓이게 된다. 이럴 때 사용하는 것이 바로 연필깍지였다. 예전에는 연필의 끝부분을 칼로 잘라서 볼펜에 꽂아서 사용하곤 했다. 하지만 더 이상 전술한 방법을 사용하지 않으며, 현대적인 디자인으로 재탄생한 연필깍지를 사용한다. 연필깍지의 중요한 선택 기준은 가벼운 무게감과 그립감이다. 무거운 연필깍지는 연필의 무게 중심이 뒤로 쏠리게 하여 그리기를 방해할 수 있으며, 그립감이 낮으면 사용상 손과 연필과의 밀착감이 떨어져 사용에 불편함을 초래하기 때문이다. 연필뿐만 아니라 이제는 찰필과 콩테전용 연필깍지도 출시되고 있다.

∷ 찰 필

종이로 만들어진 연필 모양의 찰필은 연필, 목탄, 색연필, 파스텔로 부드럽고 미묘한 농도 표현을 하고자 할 때 사용한다. 종이를 빡빡하게 말아 끝이 뾰족하면서 부드럽다. 연필가루를 종이에 좀 더 안착시켜 주는 역할을 하며, 입술이나 털 등 부드러운 질감을 표현할 때 문질러 주는 등의 용도로 주로 쓰인다.

드로잉 표현기법

:: 색연필

색연필(colored pencil)의 종류는 유성색연필, 수성색연필, 파스텔색연필 등이 있다. 수성색연필은 수채화를 할 때 사용하면 유용한 색연필이다. 특히, 외곽면 정리나 묘사를 할 때 수성색연필로 그리고 붓에 물을 칠해 주면 색이 엷어지면서 은은하면서도 분위기 있는 표현이 가능하며, 연필드로잉 작업과 마찬가지로 연필 끝을 자연스럽게 조절할 수 있다는 것이 큰 장점이다. 따라서 표현하고자 하는 대상물을 정확하게 표현할 수 있다. 또한 연필과 마찬가지로 연필을 잡는 방법, 심의 굵기 조절, 움직이는 방향, 종이의 선택 등을 통해 다양한 표현기법을 구사할 수도 있다.

:: 수채화 물감

색의 맑은 농담처리가 장점이며 붓 터치에 의한 겹치기 효과와 닦아내기가 가능하다. 수채화 물감(water colors)의 특성상 사실처리의 묘사에 있어서 주된 효과를 볼 수 있는데, 투명한 속성을 지니고 있기 때문에 물을 조절하여 여러 번의 겹치기가 가능하다. 이를 통해서 깊이감과 여러 색들이 어우러진 미묘한 색 표현이 가능하다. 수채화의 경우 수채화 물감은 마른 후에도 물이 묻으면 지워지기도 하고 얼룩이 생기기도 하지만 물의 조절, 붓질의 테크닉을 통해 번지기, 담채, 점묘, 겹쳐 칠하기 등의 표현이 자유로운 재료이다.

:: 연 필

연필(pencil)은 손의 힘 조절을 통해 자유로운 농도 표현이 가능할 뿐만 아니라 지우개로 언제든지 잘못 그린 부분을 수정할 수 있기 때문에 스케치, 크로키, 정밀묘사, 데생 등 여러 부분에서 가장 기초가 되는 재료이다.

:: 펠트펜

펠트펜(felt-tip pen)도 잉크 성분에 따라 유성과 수성으로 나눌 수 있다. 수성 펠트펜은 필기감이 부드러운 반면 내수성이 약하며 종이 이외에는 사용하기 어려운 단점이 있다. 유성 펠트펜은 점착력이 우수하여 종이 이외에 플라스틱, 유리 등에도 쓸 수 있으며 빨리 건조되며 내수성이 강한 장점이 있다. 투명성이 좋아 겹치기, 그라데이션, 번지기 효과를 표현하기에 적합하다.

:: 컴퓨터 그래픽 툴

컴퓨터 그래픽 툴(computer graphic tool)은 크게 평면 드로잉 툴과 입체 드로잉 툴로 나뉜다. 평면 드로잉 툴은 Adobe사의 Photoshop과 Illustrator가 보편적으로 많이 사용되며, 비트맵 방식의 Photoshop은 그림을 그리기 전 반드시 원하는 크기와 해상도를 설정하고 그리기 시작해야 한다. 반면 Illustrator는 벡터 방식의 확대 및 축소에 따른 이미지 손실이 없으므로 캐릭터디자인 및 CI 등에 유용한 툴로 알려져 있다.

선

선의 종류

조형의 기본 요소인 점과 점이 모여 만든 선은 선의 길이, 굵기, 방향, 농도, 선의 간격 등에 따라 다양한 생각과 감정을 표현할 수 있다. 선은 사물의 형태를 표현하는 기본적인 조형요소이기 때문에 드로잉, 만화애니메이션, 회화 등의 미술작품을 만드는 데 필수요소이며, 빛의 방향과 거리에 따라 나타나는 사물의 밝고 어두움을 말하는 명암, 물체 표면의 성질을 의미하는 질감, 사물의 부피감, 무게감, 덩어리감을 뜻하는 양감 표현에 유용하다.

선의 종류는 남성적이며 주로 속도감, 긴장감, 명쾌함을 나타내는 직선, 여성적이며 유연성, 우아함, 풍요로움을 나타내는 곡선으로 나뉜다. 선의 각도에 따라 가로선은 균형감을 나타내고 세로선은 상승감을 주며, 사선은 역동감을 나타낸다. 또한 엄지와 검지의 근육을 이용한 힘 조절을 통해 선 굵기의 변화로 농담과 운동감 표현이 가능하다.

명암단계

명암(明暗)에서 명(明)은 밝음을, 암(暗)은 어두움을 의미한다. 사물에 명암을 표현하면 입체감이 생겨 부피감, 무게감, 덩어리감 등 양감이 나타난다. 명암은 반드시 빛이 있어야 표현이 가능하며, 빛이 강하게 비치는 곳은 밝고, 빛과 멀리 있거나 등지고 있으면 어두워진다. 즉, 빛의 방향에 따라 밝고 어두운 위치가 달라진다.

아래 그림은 가장 밝은 부분과 가장 어두운 부분을 기준으로 일정한 등간격을 유지하며 10단계와 5단계로 명암단계를 표현한 것이다. 결과물의 명암단계가 잘 되었는지에 대한 판단기준으로 등간격을 살펴보면 되는데, 단계별 명암 차이를 전체적으로 보지 않고 두 단계씩 살펴보는 것이 중요하다.

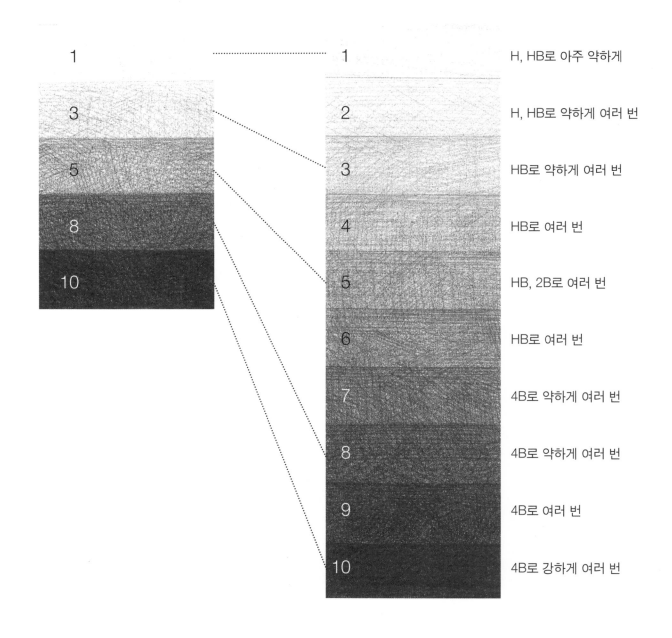

단계	표현 방법
1	H, HB로 아주 약하게
2	H, HB로 약하게 여러 번
3	HB로 약하게 여러 번
4	HB로 여러 번
5	HB, 2B로 여러 번
6	HB로 여러 번
7	4B로 약하게 여러 번
8	4B로 약하게 여러 번
9	4B로 여러 번
10	4B로 강하게 여러 번

4B

2B

선 연습

가로선

세로선

곡선

선 연습

사선

곡선

Practice 3

5단계 & 10단계 명암

5단계

10단계

그라데이션 명암

4B

2B

투시도법

투시도법이란 평면상의 사물을 보다 더 입체적으로 표현하기 위해서 사용되는 기법으로 원근법이라고도 한다. 투시도법의 종류는 소실점의 수에 따라 대각선 구도로서 집중감이 강한 1점 투시도법, 사물의 양쪽에 2개의 소실점이 있는 2점 투시도법, 무엇보다도 공간감을 강조한 3점 투시도법으로 나뉜다.

투시도를 그리기 위해선 소실점과 눈높이에 대한 이해가 필요하다. 먼저 소실점은 가까이에 있는 부분은 크고, 멀리 있는 부분은 작아 보이는 사물에 연장선을 그어보면 그 선은 수평선에 가까워지고 어느 한 점에 모이게 되는데, 바로 이 점을 소실점이라고 한다. 눈높이의 위치와 시점에 따라 소실점의 위치가 바뀌어 사물의 모양이 달라 보이게 된다. 아래 그림은 눈높이는 동일하지만 시점을 달리한 2점 투시도법이다.

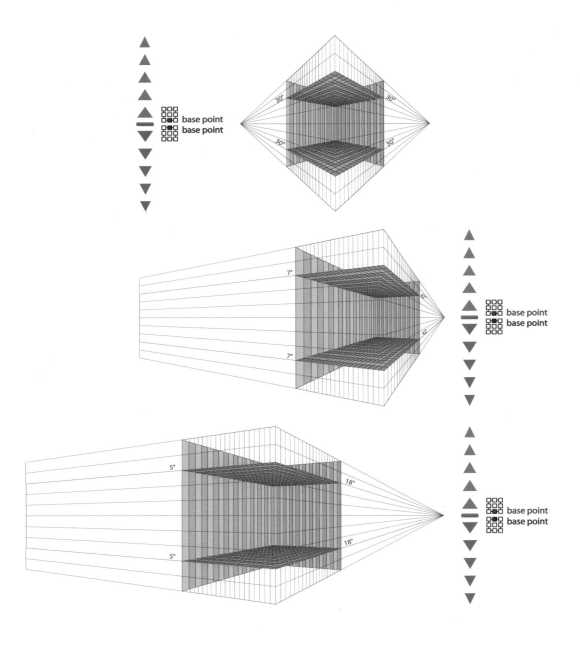

1점 투시도법

사물을 바로 정면에서 보았을 때 적용되는 것이 1점 투시도법으로 평행선 원근법이라고도 한다. 소실점이 1개이며, 소실점이 가까울수록 투시가 심해진다. 집중감이 강하며, 대각선 구도로서 가로수길 등 평행하는 수직, 수평선을 그릴 때 많이 사용된다.

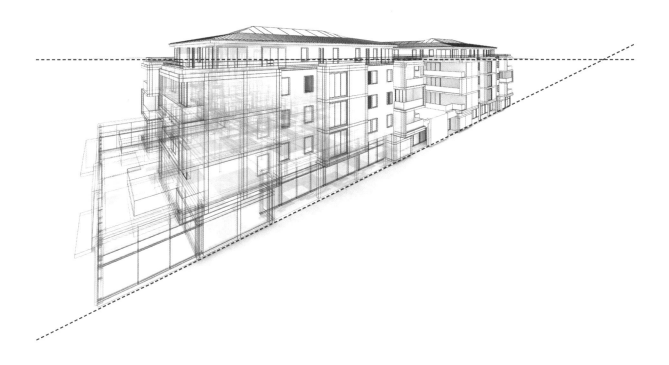

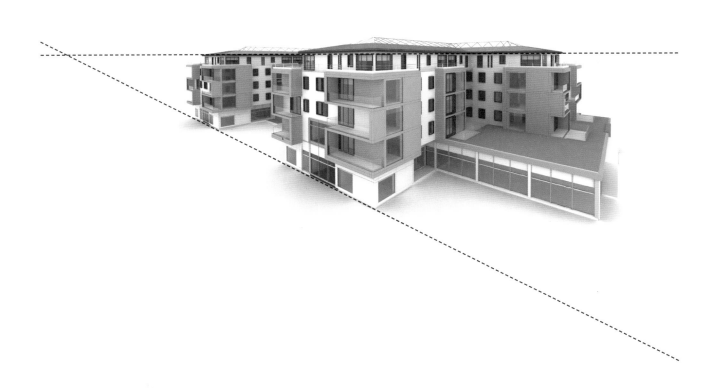

:: 1점 투시의 다양한 예

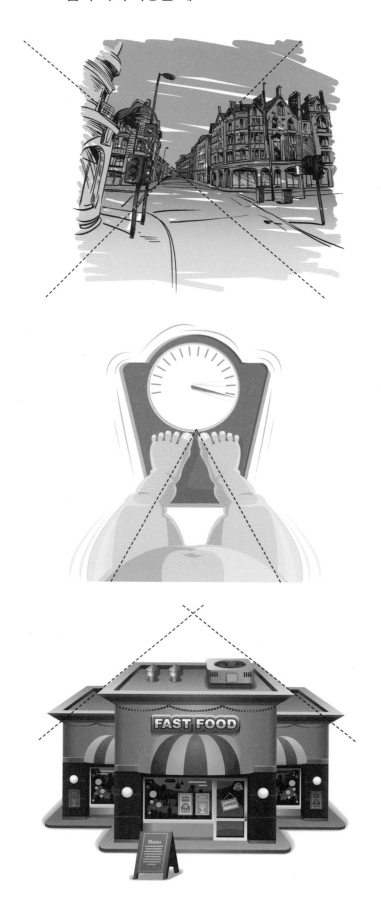

2점 투시도법

사물을 비스듬히 보았을 때 적용되는 것이 2점 투시도법으로 사선 원근법이라고도
한다. 사물의 양쪽에 소실점이 2개 있으며, 2개의 소실점은 수평선상 위에 놓여 있다.
여기에서 수평선은 눈의 높이를 의미한다. 주로 건축물 표현에 많이 사용된다.

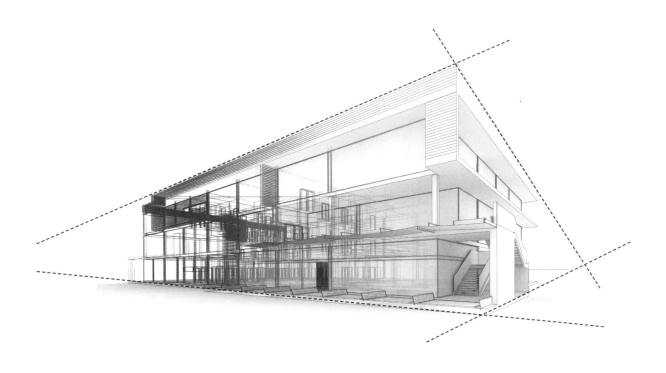

:: 2점 투시의 다양한 예

3점 투시도법

사물을 올려보거나 내려봤을 때 적용되는 것이 3점 투시도법이며, 공간 원근법이라고도
한다. 3점 투시도법에서는 사물의 수직선 부분이 각도가 있고, 소실점을 향한다. 즉,
멀리 떨어질수록 수직선의 간격이 좁아지고, 길이도 짧아진다. 높은 건물, 과장된
장면을 표현하고자 할 때 사용한다.

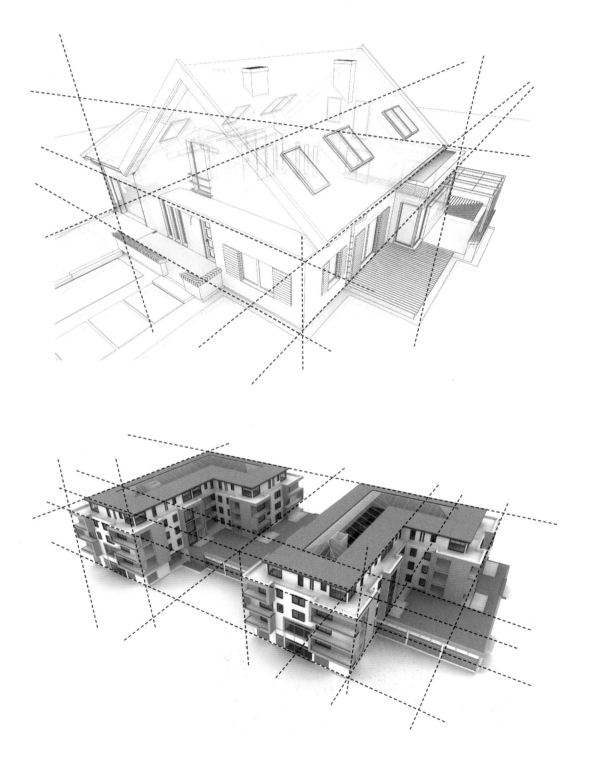

:: 3점 투시의 다양한 예

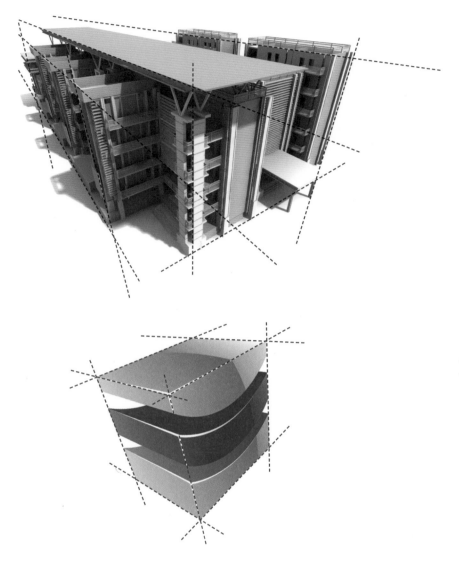

인체투시법

투시도법을 이용하여 어깨의 기울기, 골반의 기울기, 발이 땅에 닿는 위치 등에 유의하여 드로잉한다면 다이나믹하고 정확한 동작 표현이 훨씬 수월해진다. 만약 인체비례와 인체구조는 정확한데도 어색한 그림이 나온다면 인체투시도법이 잘 적용되었는지 확인해 보아야 한다.

도 형

도형별 투시법

B와 C선, 그리고 A선이 모두 만나는 Y형태를 먼저 그린다. 육면체 아래 부분 선은 B와 C선보다는 투시법에 의해 시야에서 멀어질수록 조금씩 안쪽으로 그려준다. A, B, C선을 중심으로 모든 면이 안쪽으로 같은 비율만큼 들어가도록 그렸을 때 자연스러운 직육면체가 완성된다.

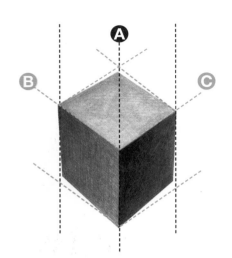

A와 B선이 만나도록 그린 후, A선을 중심으로 좌우 같은 길이가 되는 지점에 수직으로 선을 내려 그린다. 아래쪽 B선은 원기둥의 높이를 감안하여 정하면 된다. 시점이 위에 있으므로 위쪽 B선의 너비보다 아래쪽 B선의 너비가 짧아지도록 선을 그린다. 원기둥의 윗면 표현은 반드시 좌우가 대칭이 되도록 유념하여 그린다.

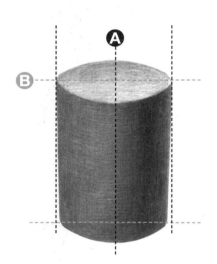

기본이 되는 A선을 그리고 B선과 C선의 길이가 같은 지점을 정한다. B와 C선은 적당한 높이의 A선과 만나도록 선을 그어 원뿔의 형태를 갖춘다. 원뿔 아래 양끝은 너무 각지게 그리지 않고 둥글게 표현하여 입체감을 살리도록 유의한다.

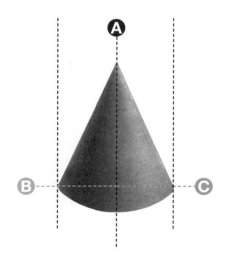

도형별 그리는 법

:: 직육면체 그리는 법

1 3점 투시도법을 고려하여 직육면체의 형태를 서서히 완성해간다.

2 명암을 표현하고자 할 때는 어두운 부분부터 칠하는 것이 좋다. 밝은 곳부터 그리게 되면 자칫 어두운 부분에서 너무 강하게 칠해야만 하는 경우가 발생하기 때문이다. 따라서 단계별 명암을 적절히 잘 표현하고자 한다면 밝은 부분보다는 어두운 부분을 먼저 표현하는 것이 좋다.

3 어두운 부분은 여러 번 반복하여 덧칠해준다.

4 어느 정도 어두운 부분 명암이 표현되었다면 비로소 밝은 부분의 명암을 표현한다. 다른 두 면에 비하면 A면이 가장 밝은 면이긴 하지만, 화살표 방향으로 조금씩 진하게 칠하면서 거리감을 표현한다.

5 어두운 부분을 좀 더 강조함으로써 A, B, C면의 차이가 분명해지도록 한다.

6 마지막으로 외곽선을 정리하고, 지우개를 이용하여 A면의 하이라이트 부분을 돋보이도록 표현한다.

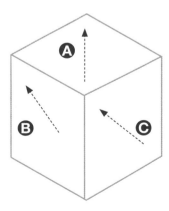

∷ 원기둥 그리는 법

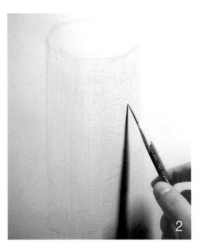

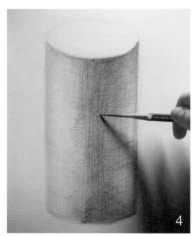

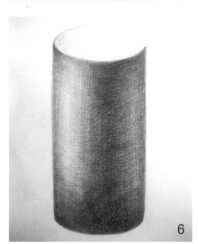

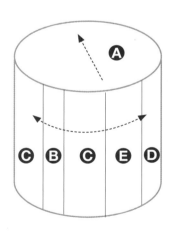

1 1점 투시도법을 고려하여 원기둥의 형태를 서서히 완성해간다.

2 연필과 종이의 각도를 조절하면서 연하게 베이스를 그린다.

3 명암은 전체적으로 서서히 진해지도록 반복해서 그린다.

4 선의 굵기와 농도를 조절하면서 가장 밝은 B면을 중심으로 좌우를 점점 진하게 표현한다.

5 가장 밝은 A면은 화살표 방향으로 조금씩 진하게 칠하면서 거리감을 표현한다.

6 마지막으로 외곽선을 정리하고, 지우개를 이용하여 A면의 하이라이트 부분을 돋보이도록 표현한다.

:: 구 그리는 법

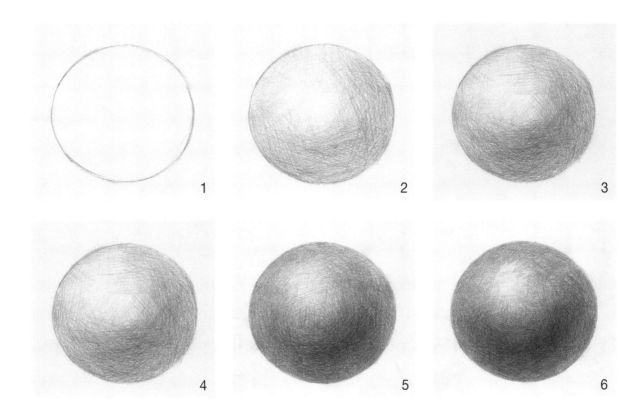

1   옅은 선으로 원심력을 이용하여 여러 번 둥글둥글 보조선을 그어준 다음 정확하다고 느껴지는 선을 짧게 이어주면서 형태를 잡는다.

2   구의 돌아가는 면 방향과 밝은 부분을 고려하여 충분한 베이스를 넣어준다.

3   둥근 구를 표현하기 위해서는 A에서부터 E까지 밝고 어두운 부분의 명암 차이를 유지하면서 전체적으로 그리기를 반복한다.

4   선의 굵기와 농도를 조절하면서 가장 밝은 A보다 조금 어두운 B지점의 명암 표현에도 입체감을 고려하여 신중하게 표현하도록 한다.

5   선의 길이와 방향을 조절하면서 구의 형태가 느껴지도록 D지점에 반사광의 표현과 어두운 부분 위주로 농도를 조절한다.

6   마지막으로 외곽선을 정리하고, 지우개를 이용하여 A면의 하이라이트 부분을 돋보이도록 표현한다.

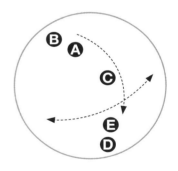

Practice 5

투시도법

투시응용

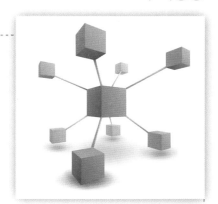

Practice 7

직육면체

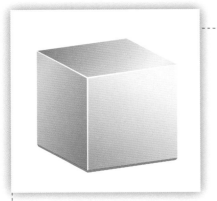

직육면체 응용

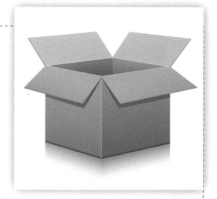

원기둥

원기둥 응용

Practice 11

원 뿔

원뿔 응용

구

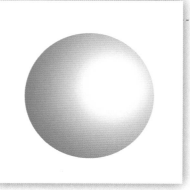

구 응용

Chapter 2

인체

얼굴 얼굴의 이해 / 얼굴 비율

얼굴 세부구조 눈 / 코 / 입 / 귀 / 얼굴의 형태 / 머리카락

전신 인체 근육 / 인체 골격 / 인체 비율 / 인체의 손 · 발 / 전신 포즈

얼굴

얼굴은 윤곽, 눈, 코, 입의 형태와 위치에 따라 얼굴의 표정이 달라지며, 인상, 성격, 내적인 정서상태 등을 표출한다. 얼굴에서 쾌감과 불쾌감은 주로 입의 너비로 인식하고 각성의 정도를 눈과 입의 열린 정도에 의해 인지하게 된다.

이렇듯 얼굴 세부구조의 표현에 따라 얼굴 표정은 다양하게 표현할 수 있다.

고전에 미인의 얼굴형은 오동통한 둥근형, 갸름한형, 달걀형 등이며, 세부구조는 반달 같은 눈썹, 얇은 눈매, 마늘쪽 같은 코, 앵두 알 같은 입술, 환한 흰 얼굴 등으로 표현하고 있다. 전통 미인상의 얼굴 비율은 가로, 세로의 비율로 1 : 1.29이다.

현대의 미인의 얼굴형은 윤곽이 뚜렷하고 입체적인 얼굴이며, 서구의 미인상 얼굴 비율은 1 : 1.5이다. 실제 연구된 한국인 20대의 얼굴 비율은 1 : 1.35로 서구의 미인상과 비교했을 때 다소 가로의 느낌이 넓다고 할 수 있다.

얼굴의 이해

얼굴을 실제의 모습으로 표현하기 위해서는 얼굴의 기본적인 구조를 이해하는 것이 필요하다.

얼굴의 기본적인 구조는 두부(얼굴과 머리)의 형태를 이루는 뼈와 뼈를 이어주는 근육과 머리뼈로 구성되어 있다. 머리의 뼈는 뇌두개와 안면골로 구성되어 있고, 얼굴의 근육은 80여 개로 이루어져 있으며, 머리뼈와 근육의 유기적인 움직임이 얼굴 표정을 다양하게 만들어 주는 역할을 한다.

:: 머리 뼈의 구조와 명칭

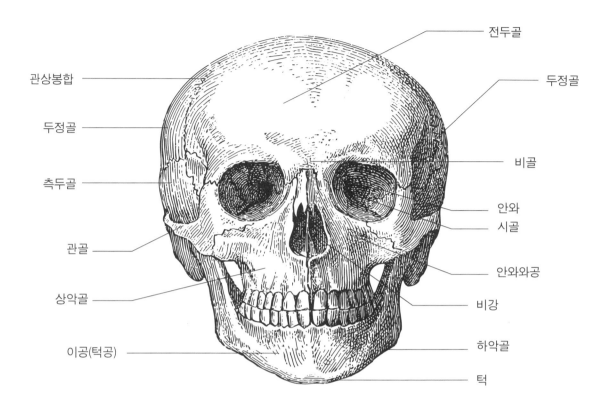

전두골
관상봉합
두정골
두정골
측두골
비골
안와
시골
관골
안와와공
상악골
비강
하악골
이공(턱공)
턱

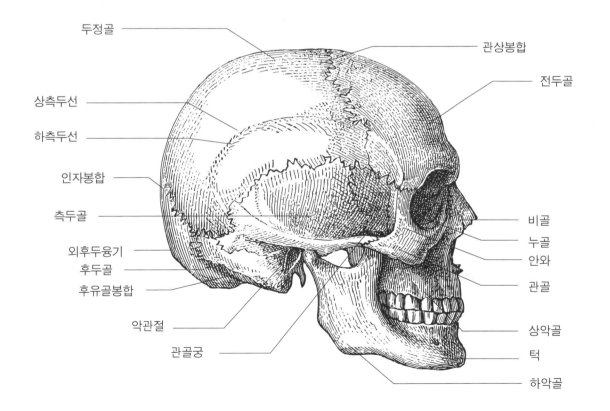

두정골
관상봉합
상측두선
전두골
하측두선
인자봉합
측두골
비골
외후두융기
누골
후두골
안와
후유골봉합
관골
악관절
상악골
관골궁
턱
하악골

:: 얼굴 근육의 구조와 명칭

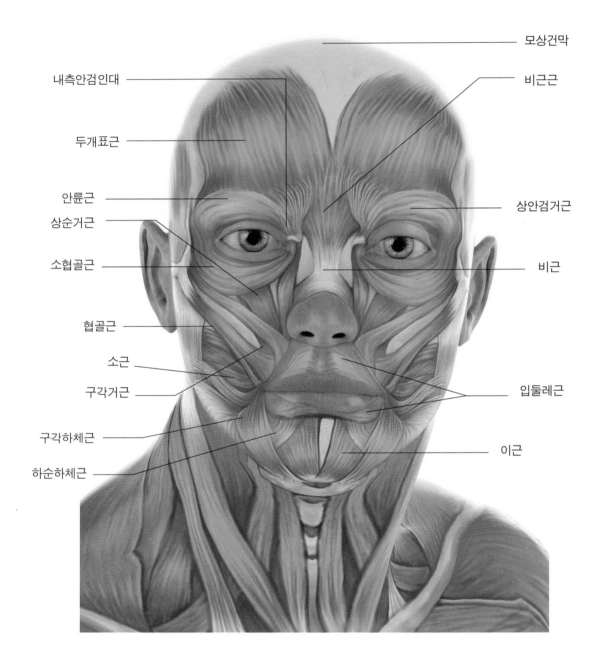

모상건막

내측안검인대

비근근

두개표근

안륜근

상안검거근

상순거근

소협골근

비근

협골근

소근

구각거근

입둘레근

구각하체근

이근

하순하체근

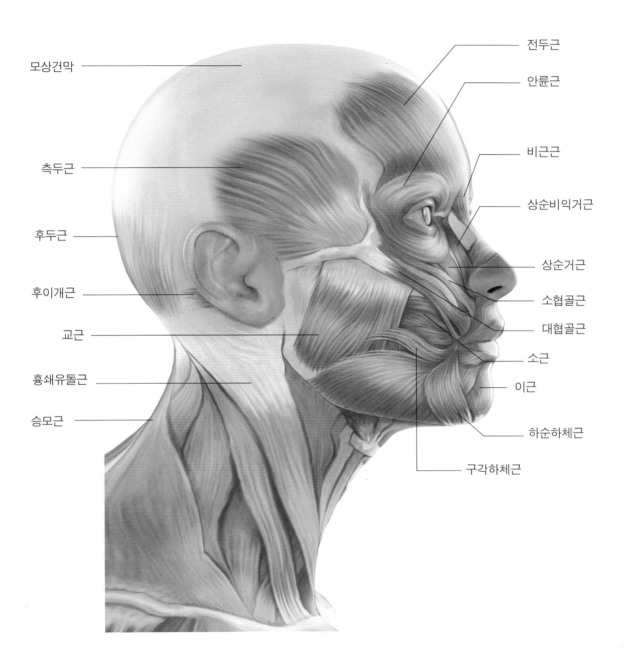

모상건막

측두근

후두근

후이개근

교근

흉쇄유돌근

승모근

전두근

안륜근

비근근

상순비익거근

상순거근

소협골근

대협골근

소근

이근

하순하체근

구각하체근

얼굴 비율

이상적인 얼굴의 비율은 상안, 중안, 하안으로 구분하여 1 : 1 : 1일 때를 일컫는다. 중안이 상안, 하안보다 약간 짧은 경우 앳된 얼굴 이미지를 갖는 비율이 될 수 있다. 처음에는 제시된 기준선을 토대로 하여 연습한 후 기준선 없이 그려본다. 그 다음으로 다양한 방향으로 제시한 샘플을 연습하는 것이 효과적이다.

∷ 정면 얼굴

얼굴의 폭과 길이가 1 : 1.4의 비율로 정하고, 얼굴 길이는 상안, 중안, 하안으로 3등분 하여 기준선을 설정한다. 눈, 코, 입의 위치는 상안선에 눈썹산이 위치하고, 중안선 중심에 콧망울이 위치하며, 중안과 하안의 1/2 위치에 아랫입술선이 오도록 기준선을 그려준다.

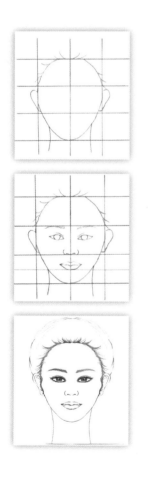

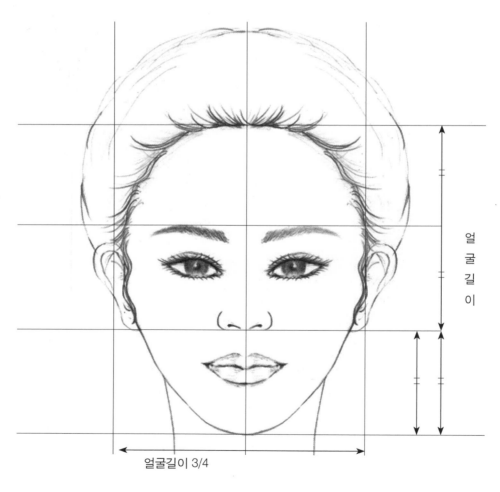

얼굴길이

얼굴길이 3/4

:: 측면 얼굴

측면 얼굴의 폭과 길이를 1 : 1의 비율로 정하고, 얼굴 길이는 상안, 중안, 하안으로 3등분하여 기준선을 설정한다. 상안선에 눈썹산이 위치하고, 중안선 중심에 콧망울이 위치하며, 중안과 하안의 1/2 위치에 아랫입술선이 오도록 기준선을 그려준다. 얼굴 폭의 2/3 위치에 귀가 위치하도록 그려준다.

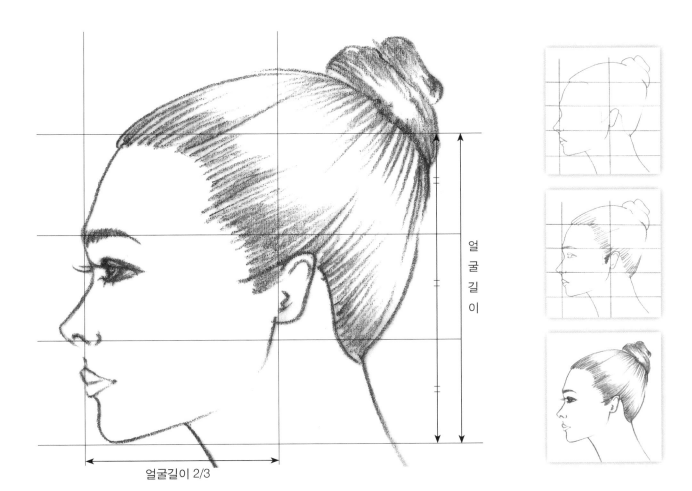

얼굴길이

얼굴길이 2/3

얼굴 세부구조

눈

:: 눈의 구조 및 명칭

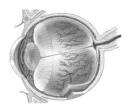

눈앞머리는 눈썹머리 시작점보다 약간 안쪽으로 들어간 곳에서 시작하여 그려주며, 정면을 향하고 있을 때, 눈동자가 눈썹산 안쪽으로 들어오게 그려주면 자연스럽게 표현된다. 또한, 눈동자는 방향에 따라 움직이지만 동공은 움직일 수 없기에 항상 눈동자의 중앙에 위치하도록 유의한다.

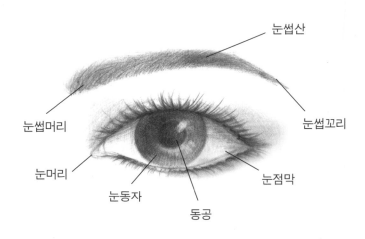

가이드라인

 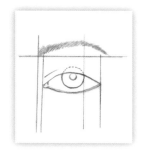 

:: 눈 그리는 단계

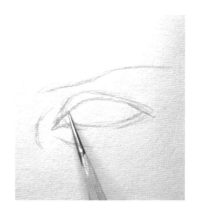

기본 윤곽의 가이드라인을 그려준다.
눈앞머리는 시작점은 눈썹앞머리보다 약간
들어가서 그려준다.

눈썹결의 방향을 잘 살려 그려준다.
눈앞머리 점막라인과 속눈썹라인을 섬세하게
표현하고 속눈썹을 사실감 있게 표현한다.

윗눈꺼풀과 겹치는 부분을 감안하여 눈동자를
그려주고 눈동자 안의 빛의 반사 부분도 표현해
준다. 눈의 점막라인과 언더라인을 그려준 후
언더의 속눈썹을 그려준다.

동공을 섬세하게 표현하고 전체적인 강약을
조절하여 마무리한다.

:: 방향에 따른 눈의 형태

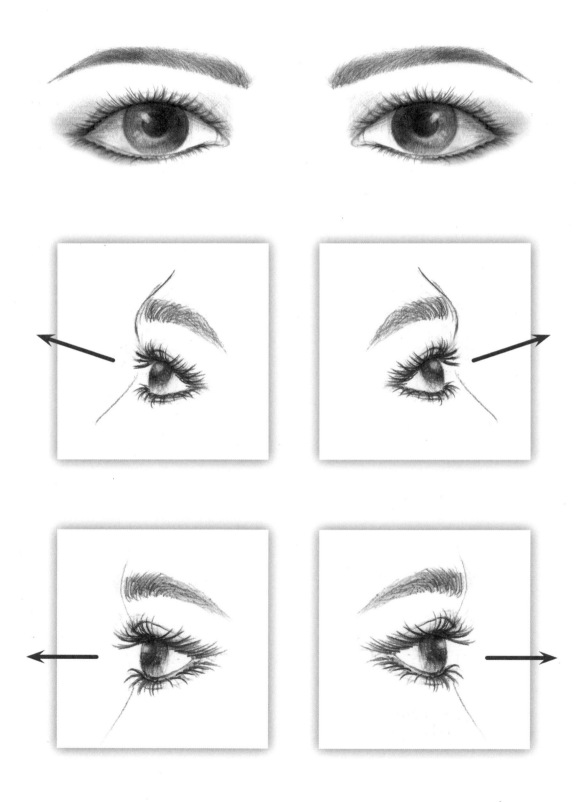

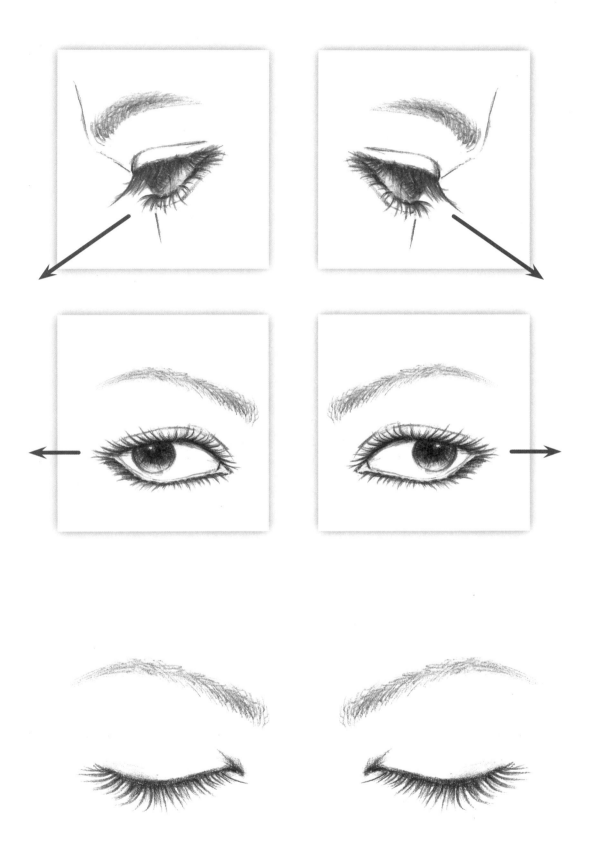

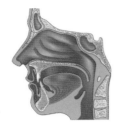

코

:: 코의 구조 및 명칭

정면의 모습은 콧망울 위주로 그려주며, 콧볼과 콧구멍이 대칭적으로 표현되도록 한다. 콧망울을 밝게 표현하여 코의 높이감과 입체감을 살려준다.

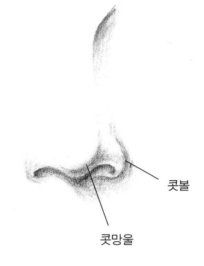

콧볼

콧망울

가이드라인

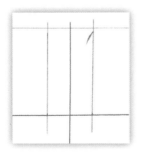
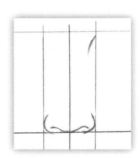

:: 코 그리는 단계

기본 윤곽의 가이드라인을 그려준다.

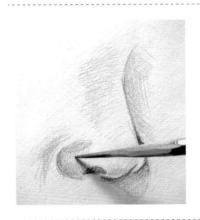

콧망울과 콧볼의 형태를 살려준다.

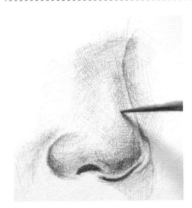

콧망울의 높이와 콧볼의 음영을 주어 사실감을 준다.

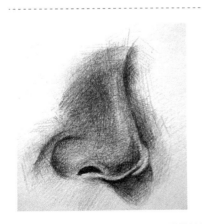

전체적인 강약을 조절하여 마무리한다.

:: 방향에 따른 코의 형태

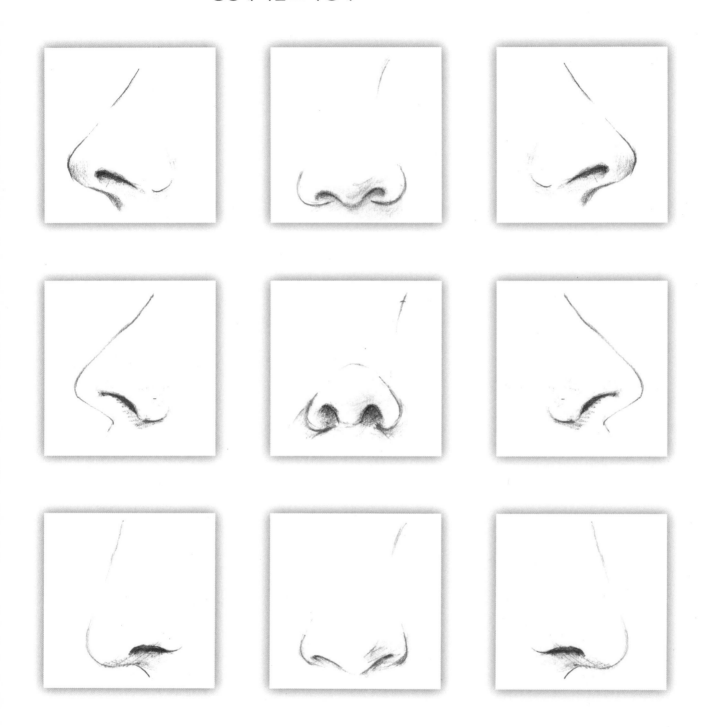

입

:: 입의 구조 및 명칭

입술의 중심점을 기준으로 길이와 폭의 비율은 1 : 8 정도가 안정적이며, 이 비율은 자유롭게 변화를 줄 수 있다. 윗입술과 아랫입술이 만나는 가로선은 입술의 표정을 만드는 역할을 한다.

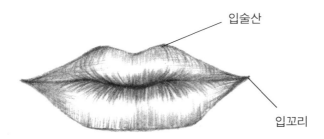

입술산

입꼬리

가이드라인

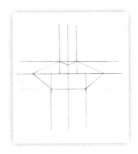 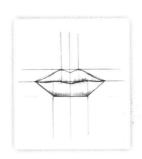 

∷ 입술 그리는 단계

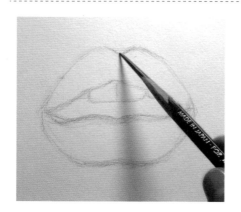

입술의 기본 윤곽 가이드라인을 그려준다.

전체적인 입술의 명암을 일차적으로 표현한다.

밝고 어두움을 찾아 명암을 디테일하게 표현하고 윤곽선의 강약을 조절한다.

전체적인 윤곽과 명암의 강약을 조절하고 빛의 반사 부분을 살려 마무리한다.

:: 방향에 따른 입술의 형태

귀

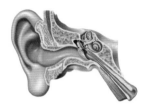

:: 귀의 구조 및 명칭

귀의 위치는 정면 얼굴의 중안길이에 위치하는 것이 일반적이며, 얼굴의 측면이 아닌 정면의 모습에서는 귀의 형태가 일부만 보이게 되고, 헤어스타일에 따라 귀가 보이지 않는 경우도 많이 나타난다.

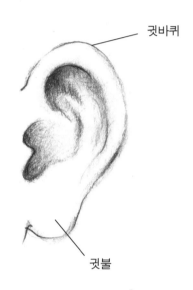

귓바퀴

귓불

:: 방향에 따른 귀의 형태

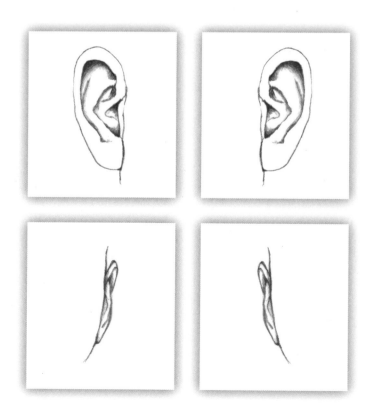

:: 귀 그리는 단계

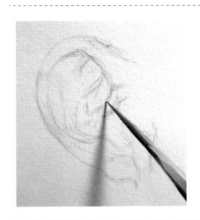

귀의 기본 윤곽 가이드라인을 그려준다.

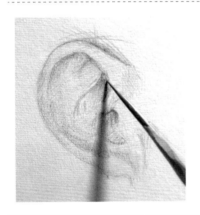

전체적인 귀의 명암을 일차적으로 표현한다.

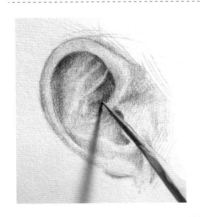

밝고 어두움을 찾아 명암을 디테일하게 표현하고
윤곽선의 강약을 조절한다.

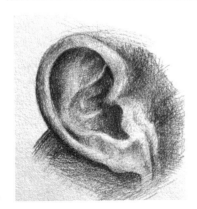

전체적인 윤곽과 명암의 강약을 조절하고 빛의
반사 부분을 살려 마무리한다.

얼굴의 형태

얼굴의 형태는 도형과 비교한다면 구의 형태와 유사하다. 얼굴의 방향이 전환될 때마다 눈, 코, 입의 위치와 길이의 변화를 체크하여 표현하는 것이 사실감과 입체감을 살려 줄 수 있다. 기본 비율을 염두에 두고 다양한 방향으로 제시된 얼굴의 형태를 연습하는 것이 도움이 된다.

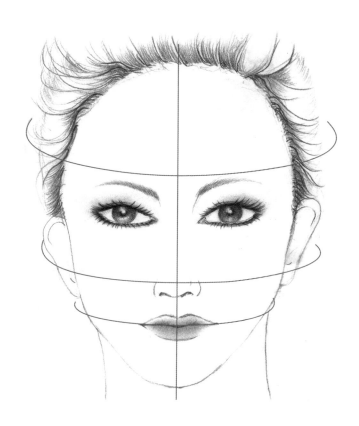

∷ 방향에 따른 얼굴의 형태

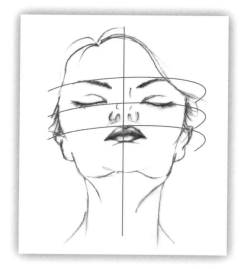 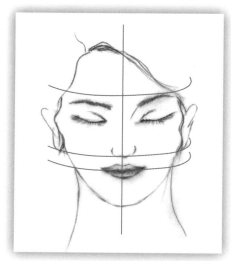

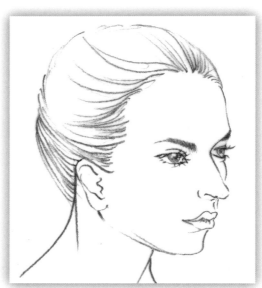

눈

눈

코

Practice 4

코

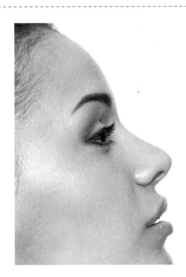

입

입

귀

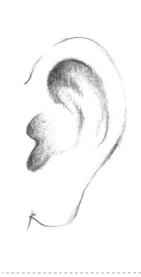

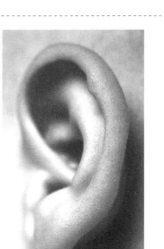
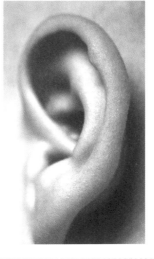

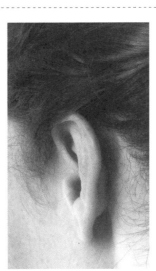
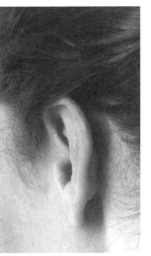

Practice 8

얼 굴

얼굴

Practice 10

얼 굴

얼 굴

머리카락

머리카락의 표현은 한 올 한 올 그리는 것도 중요하지만 시작 단계에서는 전체적인
머리카락의 흐름을 덩어리로 파악해서 큰 흐름을 잡은 뒤에 디테일한 표현을 하는
것이 쉽게 할 수 있는 방법이다. 머릿결의 밝고 어두운 부분을 찾아서 표현함으로써
볼륨감과 입체감을 살려준다.

:: 직모 머리카락

:: 컬 머리카락

:: 꼬임 머리카락

:: 다양한 머리 형태

머리카락

Practice 13

머리카락

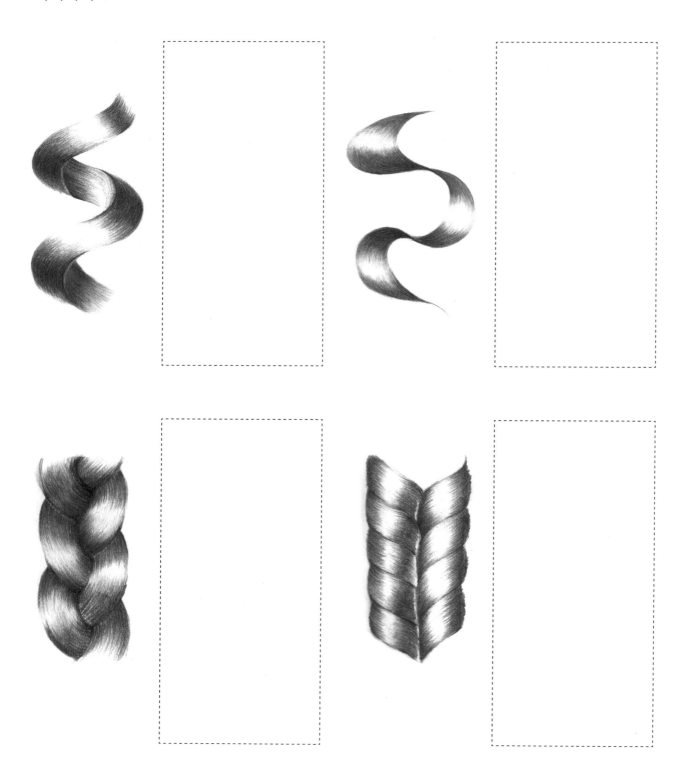

얼굴 + 헤어

얼굴 + 헤어

얼굴 + 헤어

얼굴 + 헤어

얼굴 + 헤어

전 신

인체는 대칭을 이루는 형태이며, 움직임의 연속이다. 인체의 움직임은 관절과 척추 및 근육의 운동으로 행해지므로, 근육의 기본적인 기능이 관절을 움직이게 하는 것이다.

인체를 이루는 골격은 206개의 뼈로 구성되어 있으며, 중심축인 척추는 33개의 추골로 구성되어 있고, 7개의 경추, 12개의 흉추, 5개의 요추와 나머지는 5개의 천추(천골), 4개의 미추(미골)로 이루어져 있다. 각각의 추골은 연골판에 의해 나뉘어 있고 인대에 의해 연결되어 인체에 힘과 유연성을 부여하게 된다. 그러므로 인체를 표현할 때, 움직임의 방향과 힘의 축을 파악하고 인체를 단순하고 납작한 면으로 환원시킴으로써 가시화하여 그리면 사실감과 율동감을 살려줄 수 있다.

인체 근육

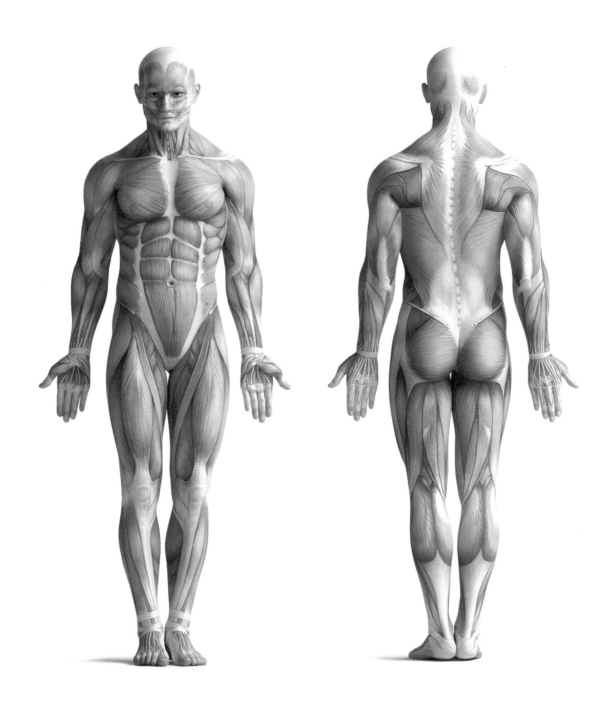

인체 골격

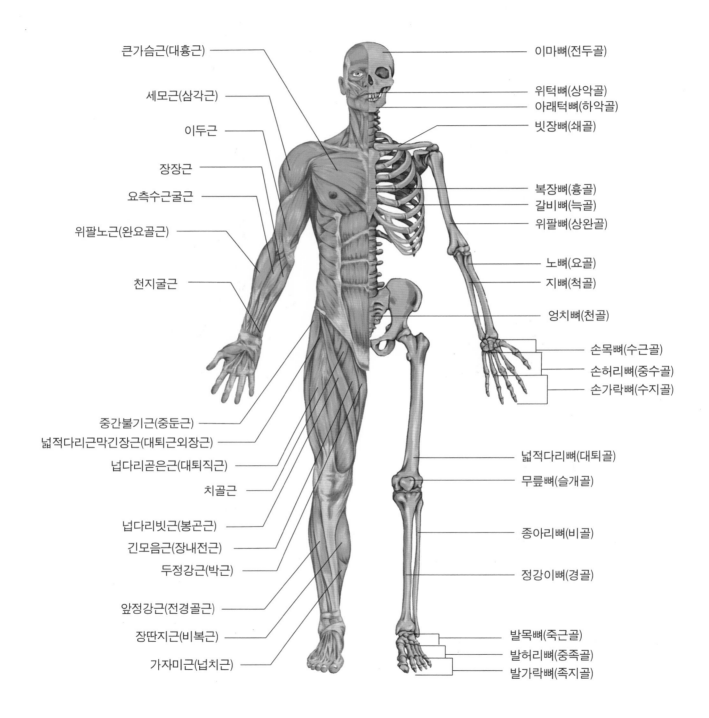

큰가슴근(대흉근)

세모근(삼각근)

이두근

장장근

요측수근굴근

위팔노근(완요골근)

천지굴근

중간볼기근(중둔근)

넓적다리근막긴장근(대퇴근외장근)

넙다리곧은근(대퇴직근)

치골근

넙다리빗근(봉곤근)

긴모음근(장내전근)

두정강근(박근)

앞정강근(전경골근)

장딴지근(비복근)

가자미근(넙치근)

이마뼈(전두골)

위턱뼈(상악골)

아래턱뼈(하악골)

빗장뼈(쇄골)

복장뼈(흉골)

갈비뼈(늑골)

위팔뼈(상완골)

노뼈(요골)

지뼈(척골)

엉치뼈(천골)

손목뼈(수근골)

손허리뼈(중수골)

손가락뼈(수지골)

넓적다리뼈(대퇴골)

무릎뼈(슬개골)

종아리뼈(비골)

정강이뼈(경골)

발목뼈(죽근골)

발허리뼈(중족골)

발가락뼈(족지골)

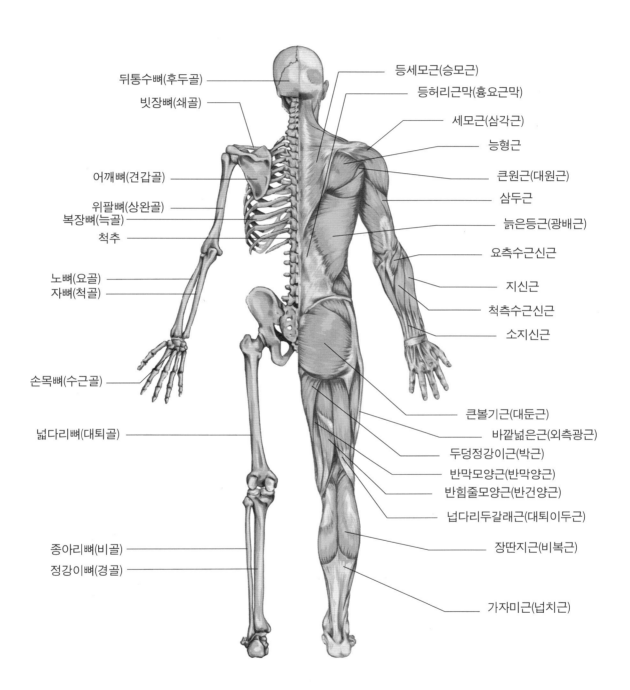

뒤통수뼈(후두골)

빗장뼈(쇄골)

어깨뼈(견갑골)

위팔뼈(상완골)
복장뼈(늑골)
척추

노뼈(요골)
자뼈(척골)

손목뼈(수근골)

넓다리뼈(대퇴골)

종아리뼈(비골)
정강이뼈(경골)

등세모근(승모근)

등허리근막(흉요근막)

세모근(삼각근)

능형근

큰원근(대원근)

삼두근

늙은등근(광배근)

요측수근신근

지신근

척측수근신근

소지신근

큰볼기근(대둔근)
바깥넓은근(외측광근)
두덩정강이근(박근)
반막모양근(반막양근)
반힘줄모양근(반건양근)
넙다리두갈래근(대퇴이두근)

장딴지근(비복근)

가자미근(넙치근)

인체 비율

인체는 주로 7등신에서 10등신까지 다양하게 그려낸다. 사용 용도에 따라 인체의 등신은 조절할 수 있다. 패션에서는 12등신까지 확장하여 사용하기도 하며, 의상의 착용감을 시각적으로 극대화시켜주는 효과가 있다. 의상의 특성에 따라 인체 비율을 다양하게 활용한다. 뷰티에서는 보디페인팅의 디자인에 주로 활용하며, 디자인에 따라 적합한 인체비율을 사용한다.

캐릭터에서는 2~10등신까지 활용의 폭이 넓다. 2등신의 SD(Super Deformation) 캐릭터는 아기자기하면서 귀여운 캐릭터 이미지 표현을 하고자 할 때 많이 사용되며, 유아의 인체비율에 해당하는 3등신의 캐릭터 역시 2등신과 비슷한 이미지로 사용된다. 4~6등신은 소년소녀형 캐릭터로 여전히 귀여운 캐릭터이지만, 유아에서 성장한 소년소녀를 캐릭터화할 때 사용되는 인체 비율이다. 10등신 또는 그 이상은 게임 및 만화애니메이션에서 인체의 아름다움을 강조하고자 할 때 많이 사용하는 인체비율이다.

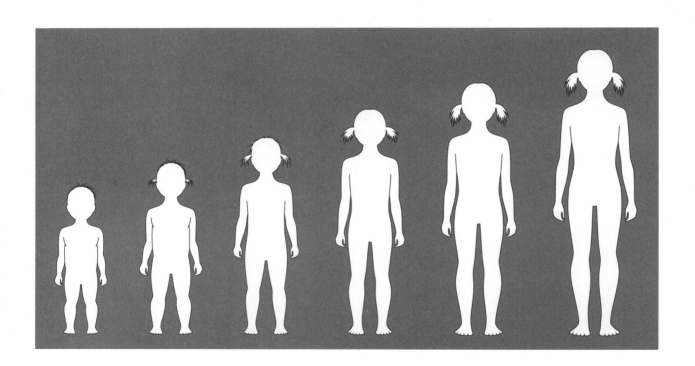

:: 3~6등신

3등신

4등신

6등신

∷ 8등신

8등신을 그리기 위해 8칸의 기준을 그린 다음 2번째 칸의 1/2 지점에 어깨선, 3번째 선에 허리선, 4번째 선에 엉덩이 선이 오도록 기준선을 잡아준다.

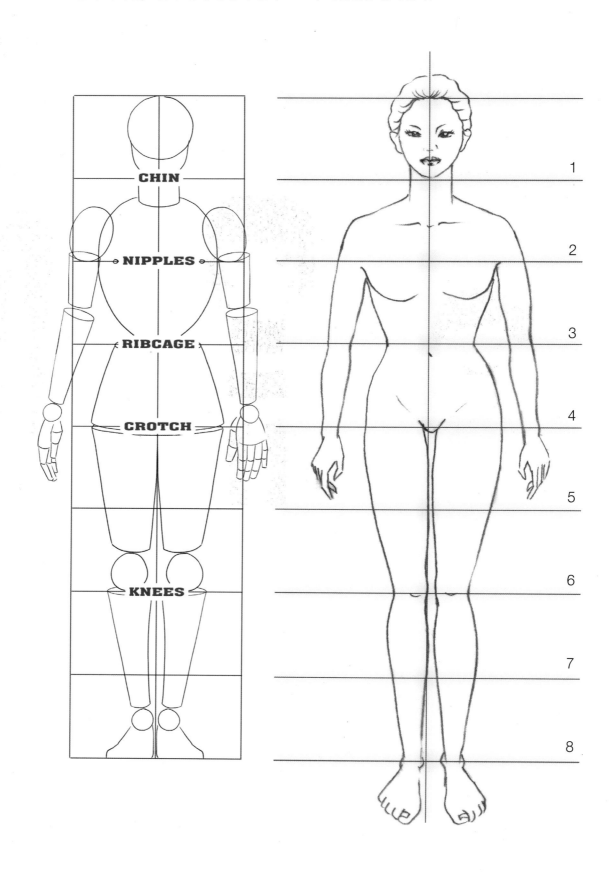

:: 9등신

9등신을 그리기 위해 9칸의 기준을 그린 다음 2번째 칸의 1/2 지점에 어깨선, 3번째
선에 허리선, 4번째 선에 엉덩이 선이 오도록 기준선을 잡아준다. 8등신과 비교하면,
엉덩이 선에서부터 등신을 늘여서 하체 부분이 길어지도록 표현한다.

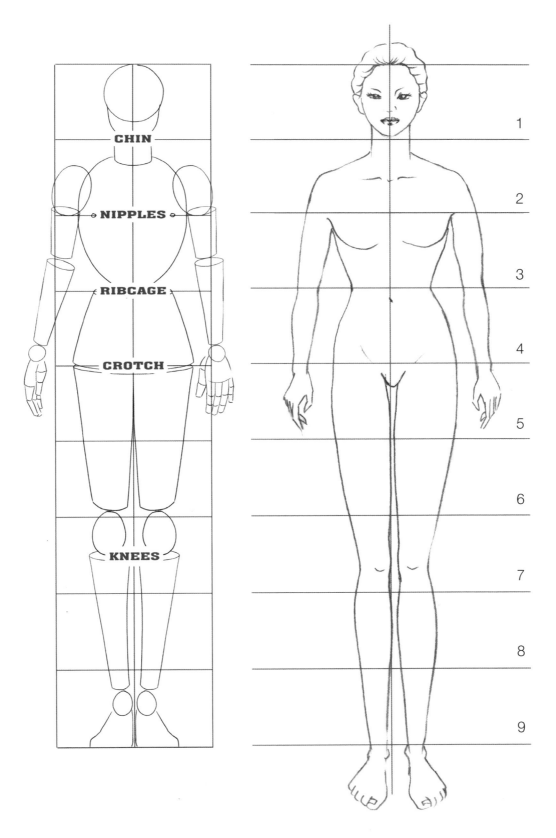

인체의 손·발

:: 손

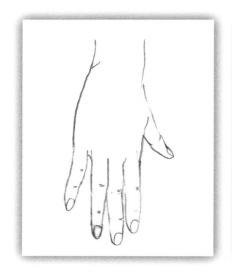
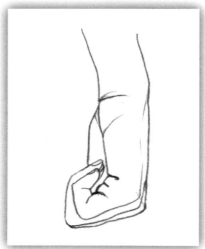
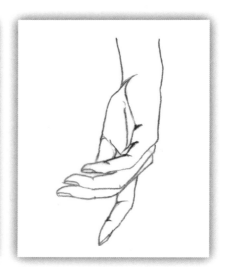

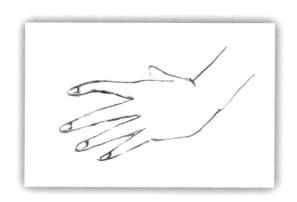
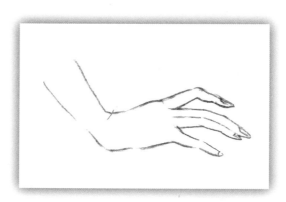

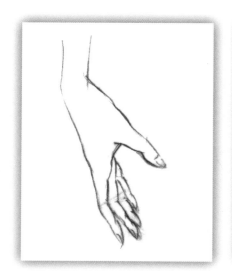
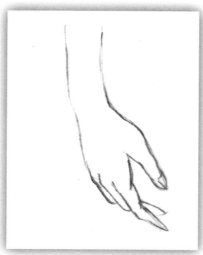
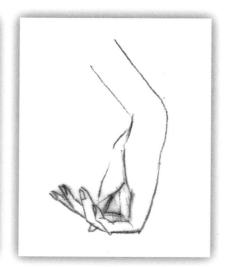

:: 발

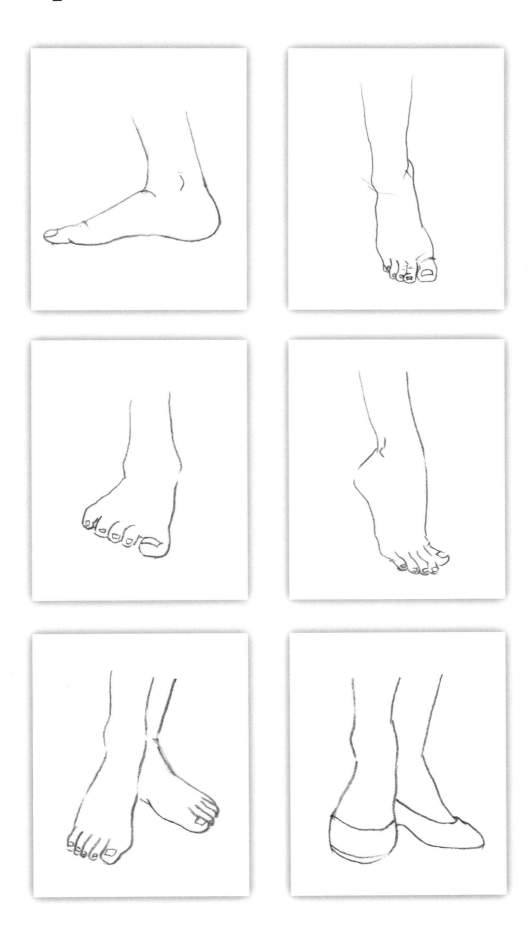

전신 포즈

중심축을 기점으로 어깨선, 허리선, 엉덩이선을 기준선으로 포즈방향과 회전의
위치를 파악하며, 또한 힘을 받는 부분을 찾아 그려준다.

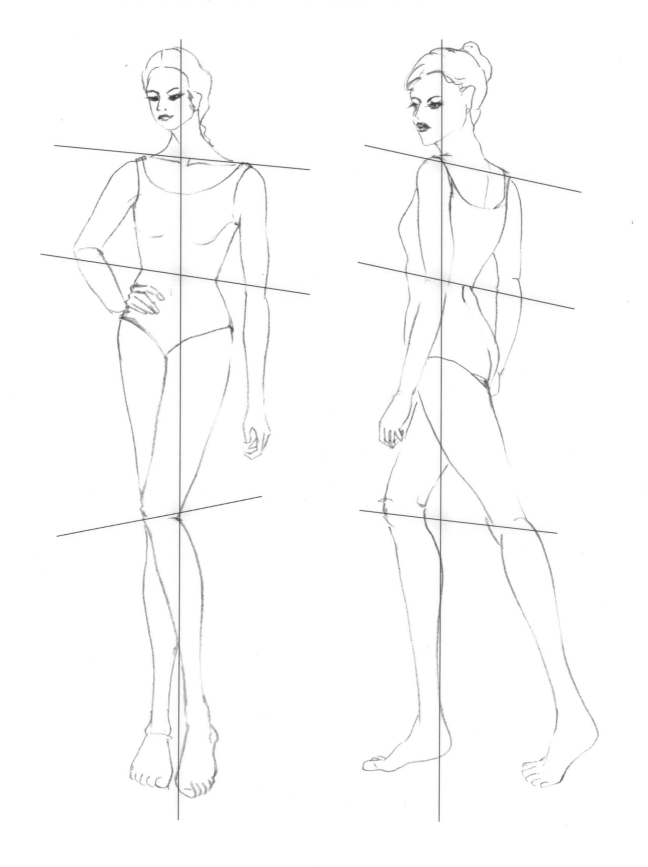

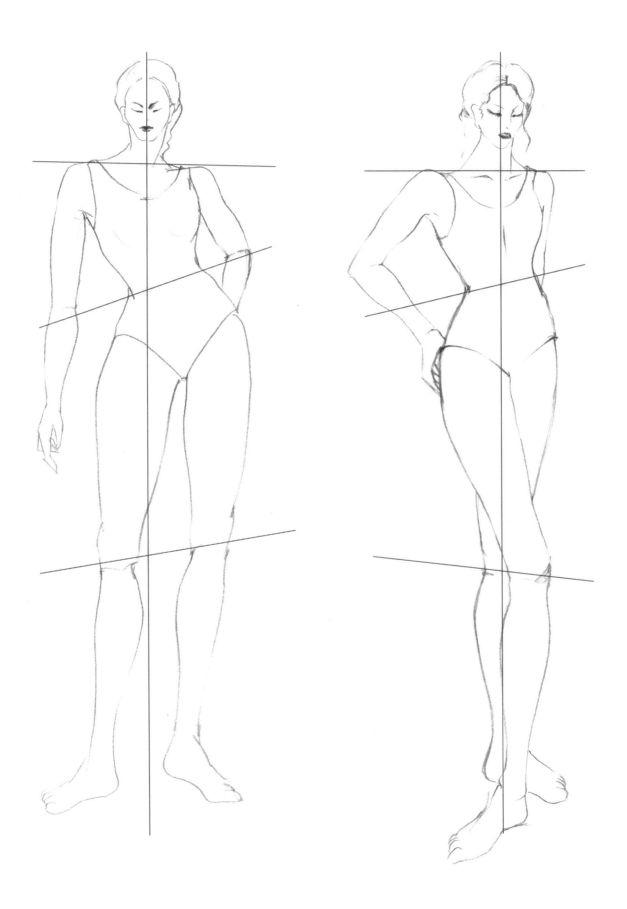

:: 다양한 포즈

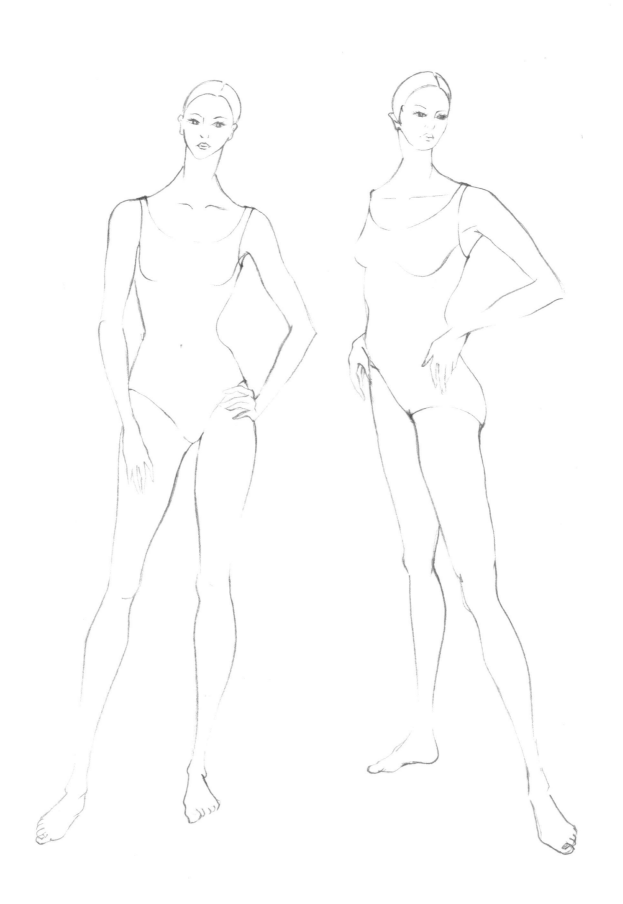

손

손

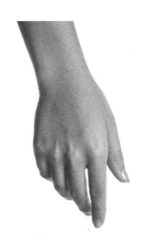

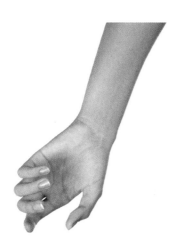

손

발

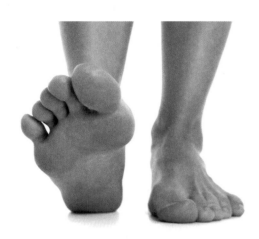

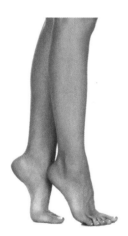

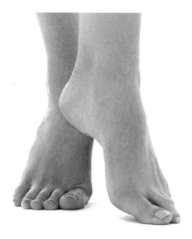

발

전 신

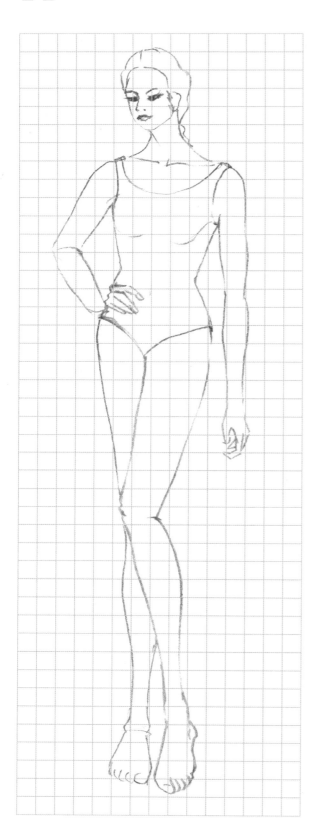

전 신

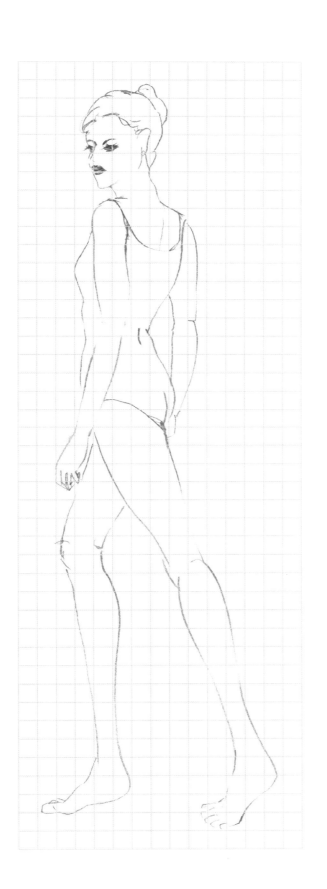

전 신

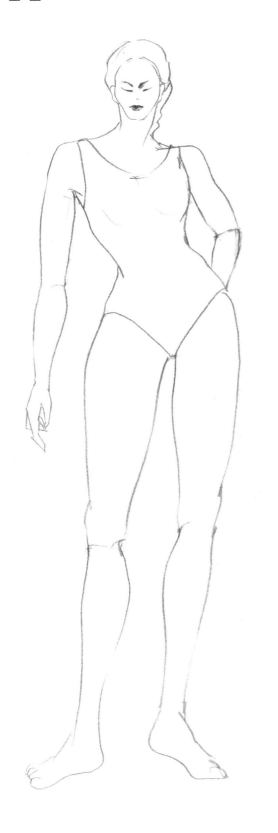

전 신

Chapter 3

동식물

동물
곤충

동 물

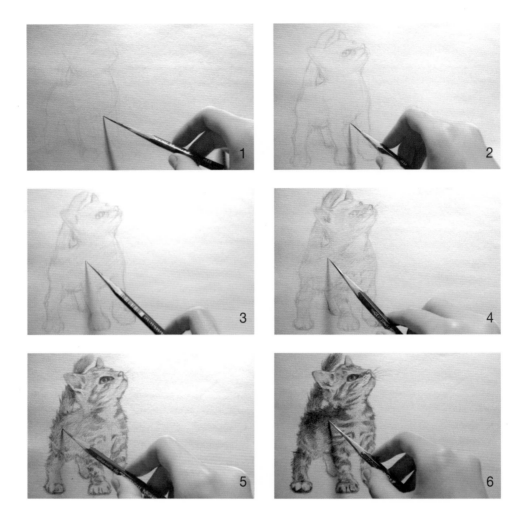

1 연하게 고양이 형태를 잡기 시작한다.

2 정교한 형태를 완성하되 외곽선이 진하지 않도록 유념한다.

3 연필과 종이의 각도를 조절하면서 연하게 베이스를 그린다.

4 명암은 전체적으로 서서히 진해지도록 반복해서 그린다.

5 선의 굵기와 농도를 조절하면서 가장 밝은 면을 중심으로 좌우를
점점 진하게 표현한다.

6 마지막으로 외곽선을 정리하고, 지우개를 이용하여 하이라이트
부분을 돋보이도록 표현한다.

곤충

1 연하게 나비 형태를 잡기 시작한다.

2 정교한 형태를 완성하되 외곽선이 진하지 않도록 유념한다.

3 나비 날개의 밝은 부분과 어두운 부분을 먼저 구분하여 명암을 처리한다.

4 연필과 종이의 각도를 조절하면서 전체적으로 서서히 진해지도록 반복해서 그린다.

5 선의 굵기와 농도를 조절하면서 형태와 명암을 완성한다.

6 마지막으로 외곽선을 정리하고, 지우개를 이용하여 하이라이트 부분을 돋보이도록 표현한다.

동 물

동 물

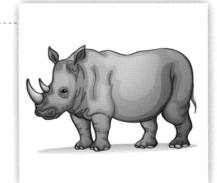

Practice 3

식 물

식 물

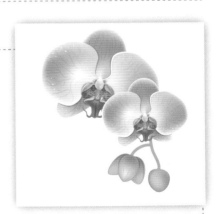

식 물

Practice 5

새

새

Practice 7

곤 충

곤 충

어 류

어 류

Chapter 4

데포메이션

인간형 얼굴 / 인체

비인간형 생물형 캐릭터 / 메카닉 캐릭터

데포메이션(deformation)은 회화, 일러스트레이션, 디자인 기법의 하나이며, 대상의 성격이나 작가의 주관을 강하게 표현하기 위해서 실제 대상의 일부 또는 전부를 변형, 과장시켜 표현하여 예술적 효과를 높이는 방법이다.

다양한 영역에서 활용되고 있는 것을 살펴보면, 첫째, 캐릭터나 화면의 표현을 사실적이 아니라, 특수한 의도로 강조한 표현으로 움직임 속에서 대상이나 화면을 변형하는 것으로도 사용된다. 둘째, 만화 애니메이션의 드라마적 긴장 부분이나 의미를 강하게 전달하기 위해 상황을 왜곡하고 과장하는 것과 만화 속 상상력을 극대화하는 방법의 하나로 물체 또는 이미지의 회전, 크기의 비율, 이동 등의 변화를 일컫는 용어로서, 대상의 정상적인 형태를 작가의 주관에 따라 일부러 변형시켜 표현하는 것 등의 과장과 생략이 같은 의미이다. 셋째, 형태나 모양이 서로 달라지게 하는 것으로, 캐리커처 그릴 때 특정 부분을 왜곡, 과장하는 기법으로 사용된다.

인간형

얼굴

인 체

비인간형

생물형 캐릭터

:: 인간+동물

∷ 인간+식물

:: 인간+새

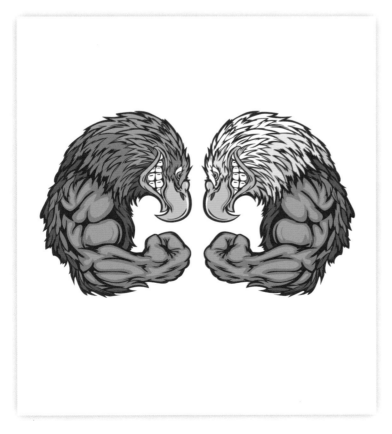

:: 인간+곤충

:: 인간+어류

메카닉 캐릭터

∷ 인간+기계

얼 굴

인 체

인 체

인간+동물

인간+식물

Practice 6

인간+조류

인간+기계

Chapter 5

응용

헤드
패션

헤 드

재료 : Watercolor

재료 : Watercolor

재료 : Color Pencil

재료 : Pencil, Pastel

재료 : Oil Painting

패 션

재료 : Watercolor

재료 : Watercolor

재료 : Watercolor, Oil Pastel

Practice 1

재료 : Watercolor

재료 : Color Pencil

Practice 3

재료 : Watercolor

재료 : Watercolor

Reference 참고문헌

김호영 · 장호철(1994). 정밀묘사 : 연필화를 위한 정밀묘사—미술신서 01. 재원.

로버트 비벌리 헤일 저, 이두식 · 이승신 역(2011). 인체해부드로잉. 지구문화사.

마이크 마테시 저, 박성은 역(2008). 포스 드로잉 : 힘 있게 그리는 다이내믹 드로잉. 비즈앤
비즈.

버트 도드슨 저, 안미정 역(2012). 드로잉 수업. 미디어샘.

연문희(2005). FASHION DRAWING FOR ARTIST. 교학연구사.

오은정(2011). 지금 시작하는 드로잉 : 당당하게 도전하는 희망 그리기 프로젝트. 안그라픽스.

지원제(2006). 게임원화 디자인. PRESS JUNGLE.

위키백과.

Index 찾아보기

ㄱ

곤충 107
구 25
9등신 87
귀 54
귀 그리는 단계 55
귓바퀴 54
귓불 54
꼬임 머리카락 71

ㄴ

눈 44
눈 그리는 단계 45
눈동자 44
눈머리 44
눈썹꼬리 44
눈썹머리 44
눈썹산 44
눈점막 44

ㄷ

다양한 머리 형태 72
데포메이션 120
도형 22
도형별 투시법 22
동공 44
동물 106
드로잉 02

ㅁ

만화 애니메이션 120
머리카락 70
머릿결 70

메카닉 캐릭터 128
명암단계 8

ㅂ

발 89
방향에 따른 귀의 형태 54
방향에 따른 눈의 형태 46
방향에 따른 얼굴의 형태 56
방향에 따른 입술의 형태 53
방향에 따른 코의 형태 50
뷰티 84
비인간형 123

ㅅ

4등신 85
3등신 85
3점 투시도법 19
색연필 5
샌드페이퍼 4
생물형 캐릭터 123
선 7
선의 종류 7
소실점 14
손 88
수채화 물감 5

ㅇ

얼굴 38, 121
얼굴 비율 42
얼굴 세부구조 44
얼굴의 이해 38
얼굴의 형태 56
연필 3, 6

연필깎지 4
원기둥 24
6등신 85
2점 투시도법 17
인체 80, 122
인간형 121
인체 골격 82
인체 근육 81
인체 비율 84
인체투시법 21
1점 투시도법 15
입 51
입꼬리 51
입술 그리는 단계 52
입술산 51

캐리커처 120
캐릭터 84, 120
컬 머리카락 71
컴퓨터 그래픽 툴 6
코 48
코 그리는 단계 49
콧구멍 48
콧망울 48
콧볼 48

투시도법 14

전신 80
전신 포즈 90
정면 얼굴 42
지우개 4
직모 머리카락 70
직육면체 23

8등신 86
패션 84, 143
펠트펜 6

ㅎ

헤드 138

ㅊ

찰필 4
측면 얼굴 43

저 자 소 개

김애경

부산대학교 의류학과(이학박사)
현재   동명대학교 뷰티케어학과 교수
       한국미술심리치료협회 색채치료전문가 교수위원

저서   개정판 패션과 이미지 메이킹(2012)
       미용색채학(2013)

서미라

전북대학교 영상공학과(공학박사)
현재   동명대학교 디지털엔터테인먼트학부 교수

저서   웹디자인을 위한 포토샵(2003)
       양방향콘텐츠 설계(2009)

CREATIVE
크 리 에 이 티 브 드 로 잉 테 크 닉
TECHNIQUE

2014년 3월 20일 초판 인쇄 | 2014년 3월 25일 초판 발행

지은이 김애경 · 서미라
펴낸이 류제동 | 펴낸곳 (주)교 문 사

전무이사 양계성 | 편집부장 모은영 | 책임진행 강선혜 | 본문디자인 · 편집 황옥성 | 표지디자인 이혜진
제작 김선형 | 홍보 김미선 | 영업 이진석 · 정용섭 · 송기윤
출력 · 인쇄 삼신문화사 | 제본 한진제본

주소 경기도 파주시 교하읍 문발리 출판문화정보산업단지 536-2
전화 031-955-6111(代) | 팩스 031-955-0955
등록 1960. 10. 28. 제406-2006-000035호 | 홈페이지 www.kyomunsa.co.kr
E-mail webmaster@kyomunsa.co.kr | ISBN 978-89-363-1401-9 (93590) | 값 23,000원